STEM 战场中的科学

战场中的生物学

BIOLOGY GOES TO WAR

［英］利昂·格雷 著

夏凤金 译

科学普及出版社

·北京·

图书在版编目（CIP）数据

战场中的科学 . 战场中的生物学 /（英）利昂·格雷著；夏凤金译 . -- 北京：科学普及出版社，2022.4

ISBN 978-7-110-10428-6

Ⅰ.①战… Ⅱ.①利… ②夏… Ⅲ.①科学知识—普及读物 ②生物学—普及读物 Ⅳ.① Z228 ② Q-49

中国版本图书馆 CIP 数据核字（2022）第 053856 号

© 2020 Brown Bear Books Ltd

BROWN BEAR BOOKS

STEM ON THE BATTLEFIELD/dirty bombs and shell shock: biology goes to war
Devised and produced by Brown Bear Books Ltd,
Unit 3/R, Leroy House, 436 Essex Road, London
N1 3QP, United Kingdom
Simplified Chinese Language rights thorough CA-LINK International LLC (www.ca-link.com)
北京市版权局著作权合同登记　图字：01-2021-7048

目录

战场中的生物学 4

战场中的动物 6

健康与健身 10

营养学 14

疾病与卫生 18

野战医疗 22

医疗运输 26

治疗与护理 30

精神健康 34

青霉素 36

生物战 40

大事记 44

战场中的生物学

1914年，英国参加第一次世界大战。在几个月之内，英国军方招募了数千名新兵。军医对这些新兵进行检查时发现，他们大多面黄肌瘦、营养不良，不适合携带装备长途行军。军医利用当时所掌握的营养学知识改善士兵的饮食，同时提供有针对性的训练，以提升他们的体能。过了仅仅几个月，这些新兵已能够携带个人的全副武装进行长途奔袭，身体条件完全满足前线作战的各种需要了。

第一次世界大战时的伦敦，军医正在对两名应征入伍的新兵进行体检。

生物科学

生物学，顾名思义，就是研究关于生命的科学，包括药物学、动物医学、营养学、精神科学。生物学在战场上起着非常重要的作用，可以为改善军人的营养提供科学依据，使伤员得到更好的治疗。甚至有的生物学家还利用掌握的细菌和疾病方面的知识制造出了威力巨大的生化武器。

美国士兵正在演习转移伤员。他们戴着面罩、手套及头罩以预防生物化学武器的攻击。

战争让医学进步

战争造成了巨大的伤亡，但是客观上也极大促进了生物和医药科学的进步，例如发现细菌致病、发明新的食物储存方法等。这些进步不但对军医有帮助，也提高了世界的医疗卫生水平。

战场中的动物

或是负重运输，或是浴血奋战，动物参加人类的战争已经有几千年的历史了。因此，军队也掌握了将动物养得膘肥体壮的方法。

马是比较早参与到人类战事之中的动物之一。4000多年前，美索不达米亚地区的士兵就驾着马拉的战车冲锋陷阵了。一个士兵牵缰御马，其他士兵则站在马车上引弓射箭。

一位亚述王正在驾驶一辆战车作战。1辆战马拉的平板战车可容纳4名士兵。

骑马作战

大约在 8 世纪，骑马作战的骑士是欧洲战场的主角。骑士穿的盔甲很沉重，这就要求他们胯下的战马要壮实有力，还要有专人负责照顾战马，给它们提供充足的草料。另外，给马钉马掌，保护战马的马蹄也是一项重要的工作。

到了 13 世纪，位于中亚的蒙古军团就是靠着骑马射箭所向披靡，建立了一个庞大的帝国。蒙古马矮壮结实，又颇有耐力，弓箭手骑着它能深入敌境。

科学档案

汉尼拔的大象

人类很早就将大象应用到战争中了，在印度，最早可追溯至公元前 4 世纪。在非洲北部、地中海沿岸有一座迦太基古城，城中曾有一位著名军事将领——汉尼拔。公元前 201—前 128 年，在迦太基与古罗马的战争中，他率领着士兵和大象翻越阿尔比斯山进入意大利，在大象的帮助下击败了罗马军队。

在这幅油画中，骑在象背上的就是汉尼拔。在对战中，敌人在大象的进攻下四散逃命。

美国内战中马队在运送大炮。在这场战争中，马的死亡数是士兵的5倍。

近代战争中的马

在 19 世纪及 20 世纪初期，战马仍然活跃在人类的战场上。在美国内战期间（1861—1865），马负责运送补给和重型大炮。军官们骑马带兵行军，南方盟军还派骑兵到北方境内刺探情报。为了保持健康，每匹马每日要吃约 12 千克的食物，为此军队要准备上百车的饲料。

在第一次世界大战中，英国皇家陆军兽医队和美国兽医队负责豢养军马，为上百万动物疗伤。即使到了第二次世界大战（1939—1945），人们仍然用马运送士兵和武器。现代，马主要用在游行仪式等场合，兽医负责它们的健康和营养。

科学档案

蝙蝠杀手

一些军队曾经尝试将有些动物作为武器，但是很少有成功的。在第二次世界大战中，美军计划将小的燃烧弹绑在蛰伏的蝙蝠身上，然后用飞机将它们撒往日本，当它们着陆的时候就会引燃燃烧弹。但是 1943 年，他们在进行试验时，几千只蝙蝠燃烧，烧毁了一处美军机场，此计划只能作罢。

战士的好朋友

在现代，英国皇家陆军兽医队仍在豢养军犬。在两次世界大战中，军犬穿梭于前线作战部队之间传送信息。在阿富汗战争和伊拉克战争中，军犬进行地雷及其他简易爆炸装置的探测。军犬在军犬队（canine team，根据发音又称为K9）工作。人类的鼻子里大约有 600 万个嗅觉细胞，而犬的鼻子中的嗅觉细胞最多可达 3 亿个，因此其嗅觉远胜于人类，依靠嗅觉就能发现埋在地下的爆炸物。英国皇家陆军兽医队的任务之一是负责训练军犬，当它们的引导员，并对受伤的军犬进行救治。

军犬正与英国士兵在伊拉克执行任务。军犬戴的护目镜是为了预防爆炸对眼睛的伤害。

健康与健身

在战场上，战士需要跑得快、耐力强、力气大，是否健壮决定着他们的生与死。

历史上不管哪一支军队，几乎都需要徒步长途行军。在大约公元前5世纪的古希腊城邦斯巴达，社会生活的中心就是培养合格的战士。小男孩们7岁就离开家庭，开始23年的从军生活。军队鼓励他们相互搏斗，以强身健体。斯巴达以及其他希腊城邦也积极发展其他军事技能，比如摔跤和投标枪，这些活动也是第一届奥林匹克运动会的主要项目。

在这件古希腊的盘子上，描绘的是一位运动员正准备掷铁饼。这种运动是古希腊战士的必备技能。

罗马士兵能一次行军约 29.3 千米。士兵们每日都要扛着沉重的木制武器训练，以获得强健的体魄。对于新兵来说，还要进行跑步、游泳、举重、跳远、跳高等运动，以提高其体能。

古罗马作家维吉提乌斯写道，罗马兵强马壮，可以长途行军，在这一点上比敌人要有优势。

追求健壮

在中世纪，骑士要进行举重练习，让自己足够强壮，以便挥舞沉重的佩剑或与敌人肉搏。约在 1420 年，意大利的医生认为保持健壮对人身整体的健康是很重要的。到了 16 世纪晚期，在全欧洲兴起了一些新的锻炼项目。

18 世纪，欧洲民族主义高涨。自豪的国民们个个都怀着保持身体健康、在国家需要的时候参军的愿望。1774 年，在德国开了一家健身学校，致力于以当兵为目标培养男子汉。19 世纪，弗里德里希·扬推动将体育列为学生的必修课程。然而，到了 19 世纪晚期，很多人生活困顿、营养不足，身体条件很差，很容易得佝偻病。在第一次世界大战刚开始征兵的时候，发现新招的士兵身体太弱，根本就不适合

聪明的大脑

弗里德里希·扬（1778—1852），德国教育家。他倡导德国发展体操，以培养参军的年轻人。扬鼓励人们在户外使用吊环、双杠等器械进行体育锻炼。有时人们称他为"体操运动之父"。在 19 世纪的欧洲，扬的上述主张流传甚广。

德国的年轻人正在弗里德里希·扬所倡导的户外健身场健身。

打仗。这个问题一直延续到第二次世界大战，仍然没有什么改观。当时有营养学者对士兵参军前后的身体条件进行了对比，发现由于在军队有较好的伙食，参军后身体条件明显得到改观。

现代的测试

现代军队在征兵时，大多数情况下都会对应征者的身体条件有所要求。医生除了评估应征者的力量和耐力之外，还应对他们的心血管是否健康做出评估，因为这关系到心脏、肺以及红细胞等为肌肉输送富氧血液的能力。

美国士兵正在做仰卧起坐。对于现代士兵来说，如果他们不能达到体能需要，可能就得离开军营了。

科学档案

年度测试

美国的士兵必须通过一年一度的体能测试。他们所做的项目是：2分钟的俯卧撑、2分钟的仰卧起坐，再加上3.2千米的跑步。17~21岁的女性，至少要能完成19个俯卧撑和53个仰卧起坐，并且在18分钟54秒之内通过跑步测试。17~21岁的男性，至少要能完成42个俯卧撑和53个仰卧起坐，跑步完成时间不超过16分钟54秒。

13

营养学

参加军事活动对体能的要求很严格，军人必须保持良好的身体条件。军医必须想尽各种办法来确保军人们合理饮食。

在战争时期，军事人员常常处于行军状态，比平时更需要额外的能量。碳水化合物（来源于面包、面条等食品）、脂肪（比如食用油、奶酪）为人体提供能量，维持体温。来自肉、鱼等的蛋白质则有助于人体修复破损细胞，增加肌肉力量。良好的营养状态，有利于士兵保持大脑健康，从而可以应对各种精神压力，也有利于伤口的快速愈合。

维生素 C 缺乏病

在 18 世纪，很多海军士兵深受维生素 C 缺乏病的困扰。此病易导致疲劳、关节疼痛，常有致命的危险，当时患病死亡人数比战死疆场的人数还多。在海上，水兵的主要食品是长期航行中易储存的腌渍食品。水兵们发现食用新鲜果蔬类食物可以减少维生素 C 缺乏病的发生。1747 年，英国医生詹姆斯·利德实施了世界

18 世纪晚期，英国海军规定所属战舰必须装配柑橘类水果，以此为水兵提供维生素 C。

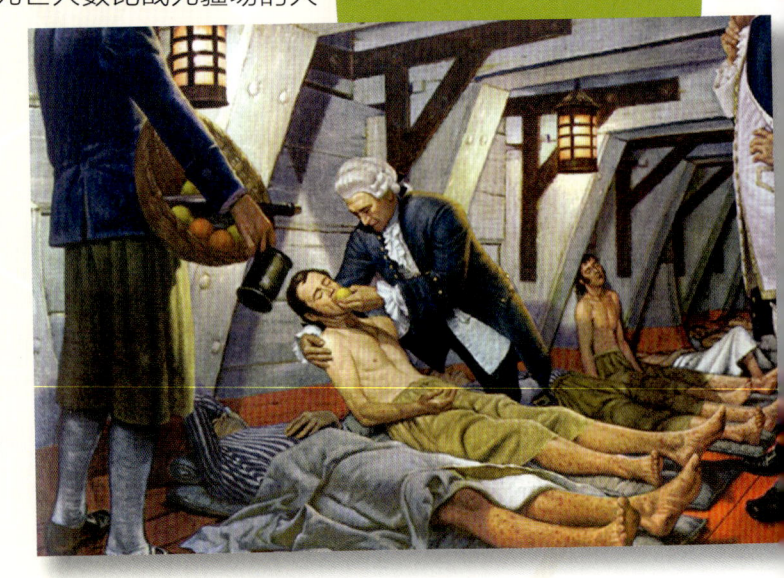

首例临床试验。利德发现预防维生素 C 缺乏病的最好手段是食用柑橘类的水果等富含维生素 C 的食品。果然，这个建议被采纳后，维生素 C 缺乏病很快就消失了。

食物的储存

不管是在海上的长期航行还是陆地上的长途行军，都必须保证军队食品的供应，这就要求科学家找到更好的食品保鲜方法。1795 年，当时还是法军司令的拿破仑·波拿马悬赏征集保存食物的新方法。

美国内战后，在很多国家，炼乳罐头仍然是流行食品。

聪明的大脑

盖尔·博登（1801—1874）是美国的一位糖果制造商人。在 19 世纪中期，他发明了保存新鲜牛奶的方法，大致是在浓缩牛奶中加入糖分，最后制得炼乳，然后罐装密封保存。这种炼乳罐头品质新鲜、口感好，能为战士提供跟新鲜牛奶一样的脂肪、钙（有利于强壮骨骼）等营养成分。美国内战期间，1861 年，北方联邦军为士兵购入了大量的炼乳罐头。

有一位叫尼古拉斯·阿贝特的厨师尝试了很多种食品保鲜的方法，终于在 1810 年，他发现密封的玻璃罐可以保持食物的新鲜，从而获得了拿破仑的奖励。他的这一发明，为拿破仑战争（1803—1815）期间法军的伙食保障和士兵健康做出了贡献。用镀锡白铁罐保存食物的类似办法在几年后也出现了，并在美国内战和第一次世界大战中的军粮供给中发挥了重要作用。

第一次世界大战期间，比利时士兵正在吃配给的食品。当时部队炊事人员短缺，男人们轮流准备伙食。

平衡膳食

在第一次世界大战和第二次世界大战期间，军医们制定出平衡膳食的菜谱，以确保官兵们吃得健康。食物不但要便宜、易加工，还要富含营养。这种对营养认识的提升使平民百姓也受益。在食物短缺的年代，政府对食物分配采取"配给制"，让每个人都能得到平衡饮食。因此，虽然在战争期间很多人吃得比以前少，但是健康水平却提高了。

军队里的营养学

在现代军队中，营养的搭配已经高度精准。在为前线士兵们准备餐食的野战厨房，厨师根据营养学知识设计菜单，保证士兵的健康和活力。在作战时，士兵们随身带着食物配给包，为自己补充能量。

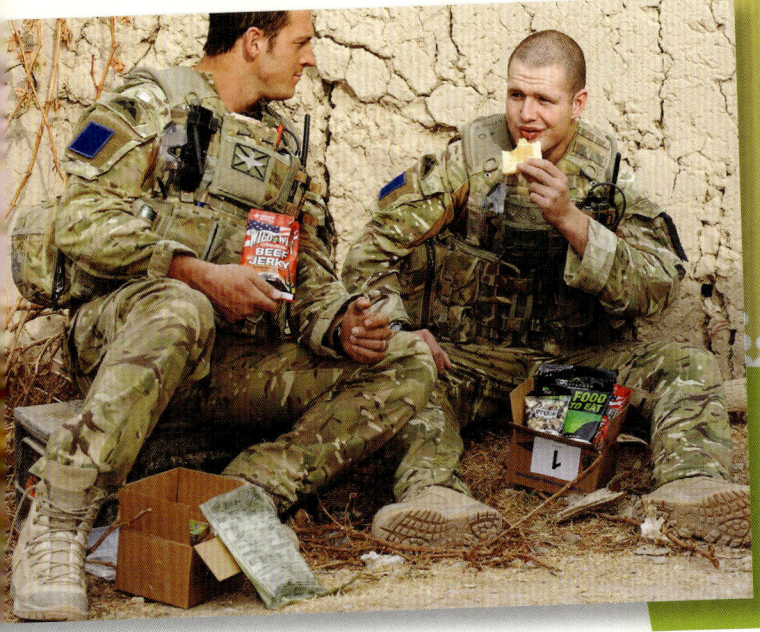

英国士兵正在吃 12 小时配给包中的食物，里面有三明治和牛肉干。

科学档案

野战口粮

在实战中，士兵们都会携带方便食品。美军给前线士兵配给的战时食品叫"即食餐（MRE）"。每个即食餐包可以提供 1 200 卡路里*的能量（每个士兵每天至少需要 3000 卡路里），餐包里的食物花样丰富，包括主食，比如意大利面、肉丸或鸡肉；副食，比如蔬菜、甜点或是能量棒这种小点心。有些食品中还会额外添加一些矿物质。除此之外，餐包里还配有固体饮料，如茶、咖啡，或者奶昔、果汁等。

---

* 简称卡，热量单位，在 1 个大气压下，将 1 克水提升 1 摄氏度所需要的热量就是 1 卡。热量的国际单位与能量相同，为焦耳。1 卡相当于 4.2 焦耳。

17

疾病与卫生

纵观历史，古代死于疾病的士兵比死于敌手的还要多。不过，到了 19 世纪晚期，这种情况有所改观。

军队中士兵患病的主要原因在于拥挤的群体生活以及卫生设施的缺乏。因此，军营中传染性疾病特别容易通过接触传染。所谓的浴池往往是营地附近的河沟，没有合适的洗浴设施，身上易滋生虱子。能洗澡或换洗干净衣服的机会也不多，士兵们穿着发潮的脏衣服就极易导致皮肤感染。

在 18 世纪的军营集体生活中，士兵们朝夕相处，一人患病就会传染给很多人。

美国内战期间，士兵们正在池塘中洗澡。在脏水中洗澡很容易患病，所以找到清洁的水洗澡十分重要。

卫生的作用

直到 19 世纪晚期，人们还不太清楚疾病到底是如何传播的。但是在美国内战时期，医生就已经意识到卫生情况对预防疾病的重要性了。1861年，美国卫生委员会和美国基督徒委员会就建议士兵们在水速快的流水中洗浴。他们还募集善款，为士兵们购买帐篷、毛毯、衣服及药品，以提高联邦军的福利和医疗条件。

聪明的大脑

路易斯·巴斯德（1822—1895），法国科学家。他证明了病原微生物是传染病的罪魁祸首。为与传染病作斗争，他还发展了疫苗疗法：将低活力的病原微生物注射进人体，使人体产生抵抗这种病原的抗体。疫苗的使用保证了士兵们的健康。

19

战壕中的疾病

到了第一次世界大战时期，科学家们对疾病已经有了很多了解。路易斯·巴斯德已经证明传染病是由病原微生物传播的。在第一次世界大战中，士兵们长期处在狭窄肮脏的战壕里，虽然他们会有规律地离开战壕去休整以恢复体力，但仍然有很多士兵患上了"战壕足"。这是因双脚长期静止暴露于潮湿的环境中，进而血液循环受阻、肿胀引起的一种疾病。患病后，双脚发蓝，并慢慢腐烂。军医通过研究发现，预防"战壕足"的最好方式是保持双脚的清洁和干燥，之后军队给士兵们配发了干净的袜子和质量更好的靴子。同时命令士兵们相互检查双脚是否有感染的迹象，以便及早治疗。

英国士兵正在背着患"战壕足"的战友。如果患病情况严重，需要截肢，以阻止感染蔓延。

这是一张"二战"时期的海报,鼓励美国的海军士兵定期用香皂和清水洗澡,保持卫生。

科学档案

疟疾

在第二次世界大战的南太平洋战场,美军由疟疾导致的伤亡数是战斗直接伤亡数的 8 倍多。疟疾通过蚊虫叮咬传播。美国当局通过在营地附近喷洒农药 DDT(双对氯苯基三氯乙烷)来消灭蚊虫,并向士兵们分发了抗疟疾的药品。但当时有谣言,说抗疟疾药会影响生育,所以很多士兵拒绝服用。

感染阻击战

士兵们如果在战场上受了枪伤或者爆炸伤,就会很容易感染疾病。因为皮肤出现破损后,细菌很快就会进入人体。第二次世界大战期间,医生开始使用一种新型药物——抗生素来治疗创口,以预防感染。军队方面也加快了将伤员从战场转移到医院的流程,缩短感染的时间。

野战医疗

在战争中,士兵常常会身负重伤,不得不在战场上就接受治疗。这种在军事区域实施的医疗就叫野战医疗。

安布鲁瓦兹·帕雷是一位16世纪的法国军医。当时,对伤员的伤口几乎没什么好的处理手段*,但是帕雷却认为应该有更好的办法来救活这些受伤的士兵。他尝试使用绷带来为伤员止血。

---

* 当时一般用烙铁或者浇热油治疗伤口,这样可止血,而且可用此消毒。帕雷主要是用蛋黄、玫瑰花油和松节油涂抹伤口。

16世纪,在法国的一场战争中,安布鲁瓦兹·帕雷正在战场附近的一座仓库为伤员包扎止血。

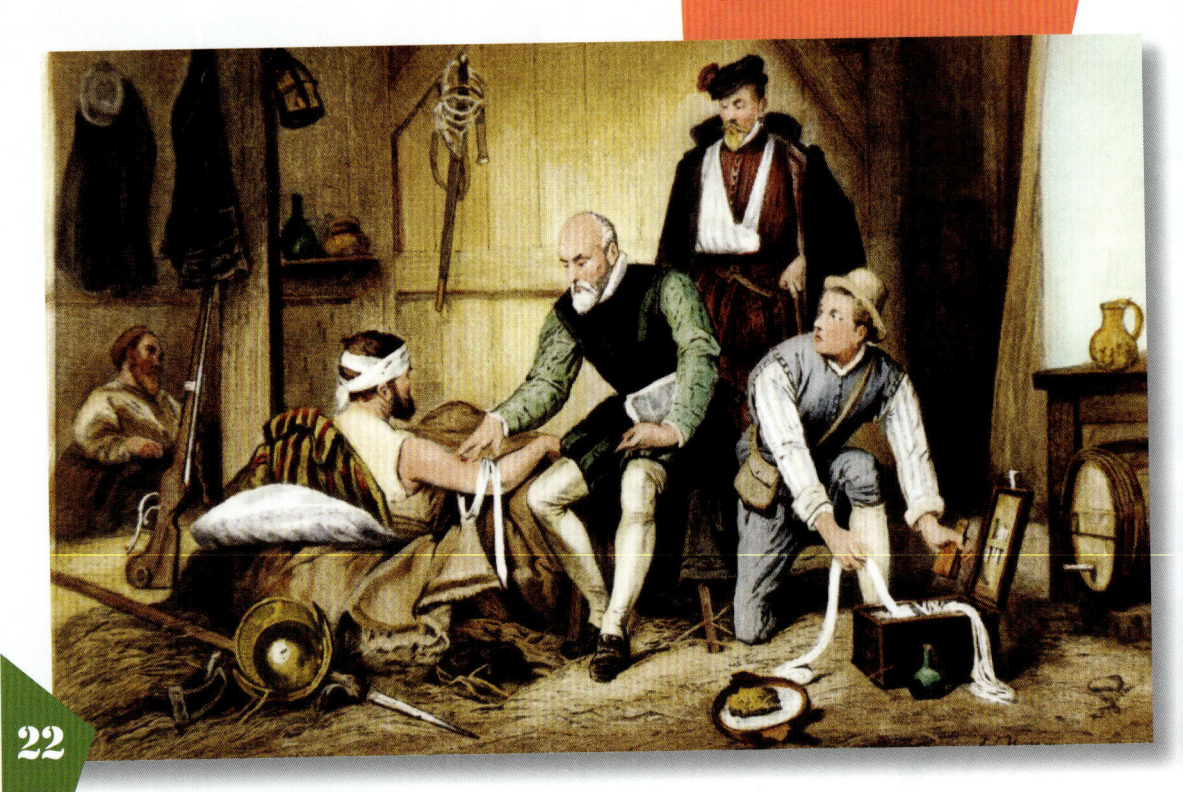

野战医疗技术的第一次飞跃

野战医疗的第一次主要技术进步是在拿破仑战争时期（1803—1815），当时是法国与英国、俄国及他们的盟友作战。法国外科医生多米尼克·让·拉尔雷提出使用速度较快的四轮马车将伤员送往医院，他还引入了分诊制度，由医生或护士根据情况决定诊疗顺序。在有把握救活的情况下，急病优先。

美国内战期间的一座战地医院里，医生正对伤员的腿部做手术。他的助手将浸润氯仿的湿布罩在伤员头上，做术前麻醉。

科学档案

麻醉

在19世纪50年代以前，患者在手术期间都是清醒的*。在克里米亚战争期间（1853—1856），俄国外科医生尼古拉·皮罗戈夫改变了这种局面，他开始对手术期间的患者实施麻醉。到了美国内战时期，麻醉手术已经很普遍了，患者只需吸入一种化学烟气就能进入昏迷状态。如今，大部分麻醉剂是通过注射直接进入血管的。

---

* 这是指西方国家的情况。中国《三国志·魏书·华佗传》中麻沸散的记录，是世界最早应用全身麻醉的记载。华佗（约公元145—208年），中国东汉末年著名的医学家。

23

两次世界大战中的野战医疗

第一次世界大战期间，截肢技术已经大有进步，野战医院的卫生条件也有所提高，已经很少发生因截肢等手术操作发生感染的事情。同时，对因伤或手术失血过多的伤员输血的技术也得到了发展。加拿大和英国医生进行了第一例野战医院输血手术，并建立起了军队的血库。

在西班牙内战期间（1936—1939），弗雷德里克·杜兰-霍尔达在巴塞罗那建立了一个血库，志愿者可以在这里为士兵捐献血液。在第二次世界大战期间，他还帮助英国建立了数个血库。在战争期间，这些英国军人血液供应站点一共接收了70万份的血液捐献。

第一次世界大战期间，一位伤员正被运送到医院。医生会根据他的伤势来确定治疗顺序。

诺曼底登陆（D-Day，1944年6月6日）后，美军军医正在法国一个野战医院外面治疗伤员。

战术战伤救治系统

当今美国的现役部队有一套野战医疗系统叫战术战伤救治系统（TCCC），保证医疗人员可以在战场交火状态下也能对伤员进行救治。他们可以通过无线电呼叫担架员或医疗直升机将伤员撤出阵地，在等待撤离期间，无论多严重的创伤都可以不中断救治。

聪明的大脑

查尔斯·R.德鲁（1904—1950）是一名研究输血科学的美国医师。血液可分为血浆和红细胞两部分。德鲁尝试着只给患者输血浆，发现患者体内自己就会产生红细胞。20世纪30年代，德鲁在美国建立了数个血库。在第二次世界大战期间，他建立的血库为受伤的士兵提供了大量的血浆。

25

医疗运输

医生们都知道，伤员存活的概率与他们被从战场送到医院的速度息息相关。

关于医疗运输最早的记录见于15世纪晚期。当时西班牙军队雇用了专门的人帮助伤员撤离战场，然后转移到人力车的车厢里。不过只能等到战斗结束之后才能搜集伤员，此时很多伤员已经因伤势过重死亡了。

在拿破仑战争之前，医疗运输一直比较初级。法国外科医生多米尼克·让·拉雷建立起了第一支军事救护队。他意识到及时的撤离可以提

19世纪的救护车大多是炮车改装的。

高士兵受伤后存活的概率。因此，他将马拉跑车改装成"飞速救护车"，可以迅速将伤员从战场上转移出来，以寻求医疗救助。

空运救护

1903年，人们发明了飞机，不到20年，第一架空中救护机就出现了。

聪明的大脑

多米尼克·让·拉雷（1766—1842）是一位法国军医，他在拿破仑·波拿马执政时期服役。除了引入救护车外，拉雷开展了一些最早的战场手术，包括截肢。他还制定了战争伤亡分类规则，对伤员，不论职级高低，根据这个规则安排救治顺序。

20世纪20年代美军的救护飞机。

1917年，第一次世界大战期间，一个英国士兵在土耳其受伤，英国皇家飞行部队45分钟之内将其空运到医院，如果走陆路可能要走几天。记录显示，通过空运运送伤员可以将因伤致死率从60%降到10%。

第二次世界大战期间，美国空军组建了医疗空运分遣队。医生和护士在飞行途中对伤员展开救治。

科学档案

医疗后送

医疗后送是将伤员从战场上尽快转移下来。通常用医疗直升机执行后送任务，在飞往战地医院的过程中，护士就可以提供紧急救护。后送运输车一般不配备武器且有清晰的标识，它们不参加战争，即使是敌人也应当让其自由通行。

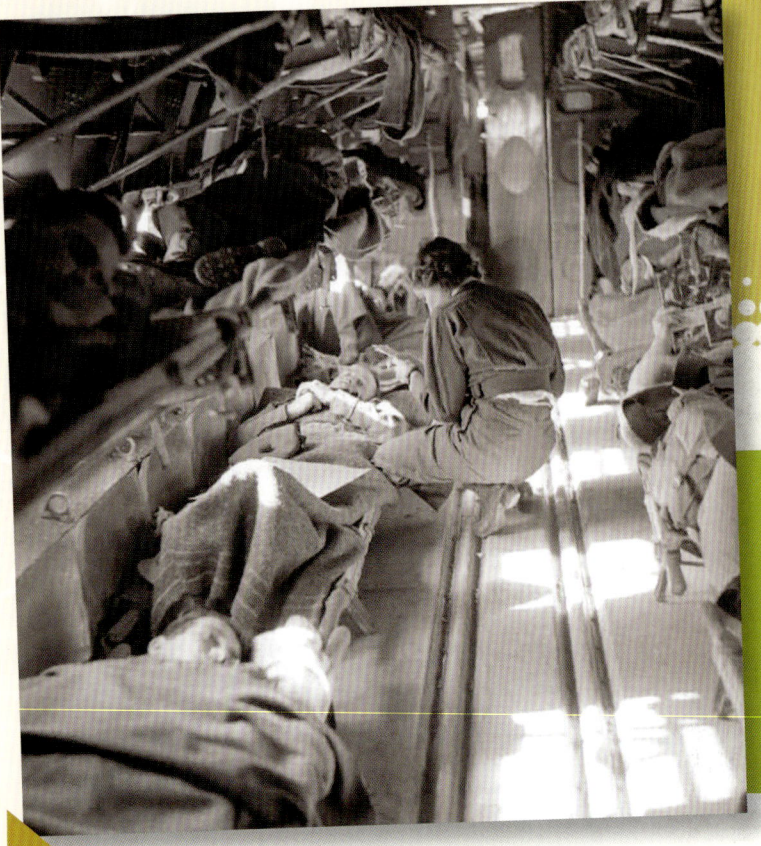

第二次世界大战期间，C-47空中列车军用运输机充当空中救护车，一位护士在后送途中检查病人的伤情。

直升机显神威

第二次世界大战后，美国空军组建了空运勤务司令部（MATS）。朝鲜战争（1950—1953）中，MATS 使用直升机将伤员运送至战地医院救治。经过紧急救治后，伤员又被转移至朝鲜近海的海上医院。从那里，再用飞机将他们运送至美国的固定医疗点。

目前，军机仍然被用作"空中救护车"。美国军方正在测试用无人机转移伤员的可能性。在战争期间，这些无人设备转运速度快，也更安全。

越南战争（1955—1975）中，美军士兵正将一位受伤的同伴抬上医疗直升机。

治疗与护理

在战地医院或者更大的军队医院中,从战场上退下来的伤员都是由护士来照看。在19世纪中期之前,这些护士一般是未经训练的志愿者。

19世纪中后期,护理变得日益专业化。在克里米亚战争中(1853—1856),英国护士弗洛伦斯·南丁格尔招募了一批受过专业训练的护士到土耳其照料受伤的英国士兵。她设法保持病房的清洁、勤换患者的床单、保证患者的饮食健康,极大地提升了患者的康复率。

在土耳其斯库塔里的军事医院里,弗洛伦斯·南丁格尔确保病房明亮、通风。她甚至移动了下水管道,以免臭气影响患者。

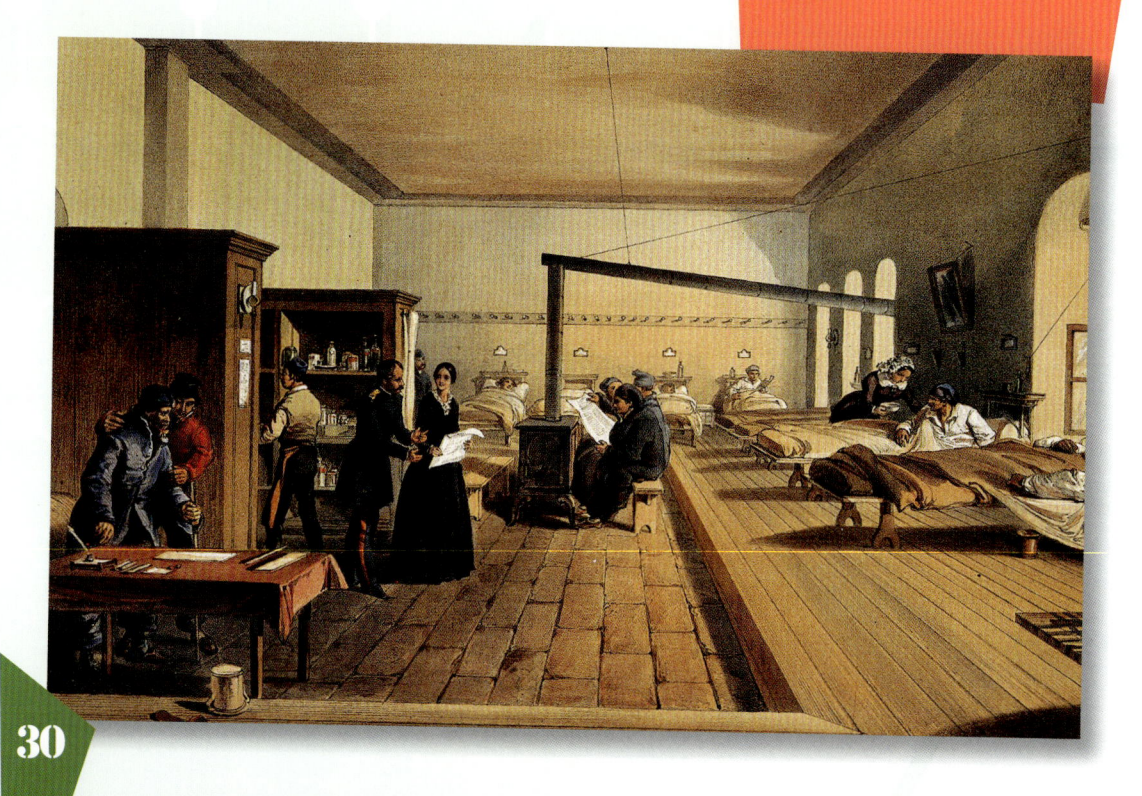

美国内战

在美国内战期间，曾经当过老师的克拉拉·巴顿负责照料北方联军的伤员。1862年8月，她向联军负责人申请去前线工作。在前线，她向士兵分发医疗用品，打扫战地医院的卫生，包扎战士的伤口。在这期间，巴顿救治了很多场战斗中的伤员，他们有的是联军士兵，有的来自南方联盟。战后，她在1881年受命组建了美国红十字会，后来她又组建了美国急救协会。

聪明的大脑

弗洛伦斯·南丁格尔（1820—1910）在克里米亚战争中家喻户晓。她在医院中负责照料受伤的英国士兵。通过改善卫生条件，南丁格尔挽救了数千条生命。战后，她在伦敦建立了一所护理学校，学校帮助所有类型的护士进修。

在美国内战期间，一位志愿护士正在联军医院为伤员喂水。这些护士们只有一些家庭护理的经验。

朝鲜战争期间的野战医院中，外科医生正在讨论治疗方案。此次战争中，外科医生们改进了伤员分类机制和储存血液的方法。

野战医院

美国陆军护士队（ANC）成立于1901年。无论是两次世界大战还是之后的越南战争等各种冲突中，都可以在野战医院中看到护士们的身影。现代军队中的护士都由美国各军种单独招募。

野战医院一般有若干个大型的帐篷搭建组成，配有外科医生、内科医生和护士。第二次世界大战后期，美军建立了移动式军队外科医院（MASH），这是野战医院出现的标志。在之后的朝鲜战争和越南战争中，建立了大量的野战医院。这些医院离前线很近，伤员可以得到最快的救治，提高了生存率。

战斗支援

2006年，美军用战斗支援医院（CSH）取代了MASH。这种医院的规模更大，在一顶复合型帐篷里，有数百张床位和数个手术室。另外还有检测血液的医学实验室和供应药物的药方。CSH还配有X光扫描仪。不过，CSH的移动性比MASH差。前线医疗团队在战场上对伤员进行简单治疗后，用直升机将伤员转移至CSH。

在第325号CSH的一个帐篷病房中的伤员们。CSH用货物集装箱运送到战区，然后再安装。

科学档案

外科修复学

很多士兵在炸伤后，可能需要截肢。过去，在截肢后只能安装最基本的假肢。现代的假肢更加先进，有一些甚至植入了微处理器，使假肢像健康肢体一样活动。现代假肢的出现，使被截肢的伤员有了恢复正常功能的希望。

精神健康

第一次世界大战期间,很多战士经受着一种精神疾病——炮弹休克带来的痛苦。这是因长期处于战火之中所引发的疾病。

炮弹休克的患者常常变得胆小、呆滞。当时,很多医生并没拿它当回事。即使这些患病士兵的状态大不如从前,仍被送回前线继续战斗。后来,随着医生对精神健康认识的逐步深入,他们了解到,战争的创伤会给士兵造成极大的精神压力。

在战场上作战的士兵们会经常受到精神创伤。他们可能眼睁睁地看到战友或战死或受伤,甚至自己也险些丧命。这些经历都可能使他变得抑郁、焦躁甚至滥用药物。现在,这些症状被视作创伤后应激障碍的表现。

创伤后应激障碍的患者因为战争的经历,常常会回想痛苦的往事、做噩梦、无端恐惧,心情起伏不定。

> 第一次世界大战中,一位英军士兵正呆呆地盯着前方。一些患者承受着压力带来的痛苦,不能继续参加战斗,但他们被错误地指责为懦夫。

心理治疗

治疗精神健康问题的医生称作心理治疗师。他们对患者使用认知行为疗法，鼓励他们讲述创伤经历。心理治疗师还会对患者家属进行心理咨询，这有助于家属为患者提供帮助。随着时间的流逝，在专业知识的帮助下，很多患者的症状会减轻，甚至完全康复。

聪明的大脑

W.H.R. 里弗斯（1864—1922），英国精神病学家。第一次世界大战期间，他发明了治疗炮弹休克的新方法。他鼓励有这种心理问题的战士讨论他们的战争经历。里弗斯发现，这种"谈话治疗"有助于减轻士兵的思想压力，使他们恢复到较好的精神状态。

目前采用认知行为疗法等方法治疗创伤后应激障碍，患者向训练有素的心理治疗师倾诉自己的经历。

青霉素

青霉素（盘尼西林）的发明是医药史上的一个转折点。有了这种新药，医生们终于可以战胜那些曾经致人死亡的感染性疾病了。

青霉素是历史上第一种抗生素，它可以杀死致病细菌。细菌通过在人体内繁殖使人体染病。抗生素通过使细菌丧失繁殖能力，从而达到治愈疾病的效果。

苏格兰细菌学家亚历山大·弗莱明在 1928

早期的战场为细菌的繁殖提供了理想的环境。细菌可以感染士兵的外伤伤口。

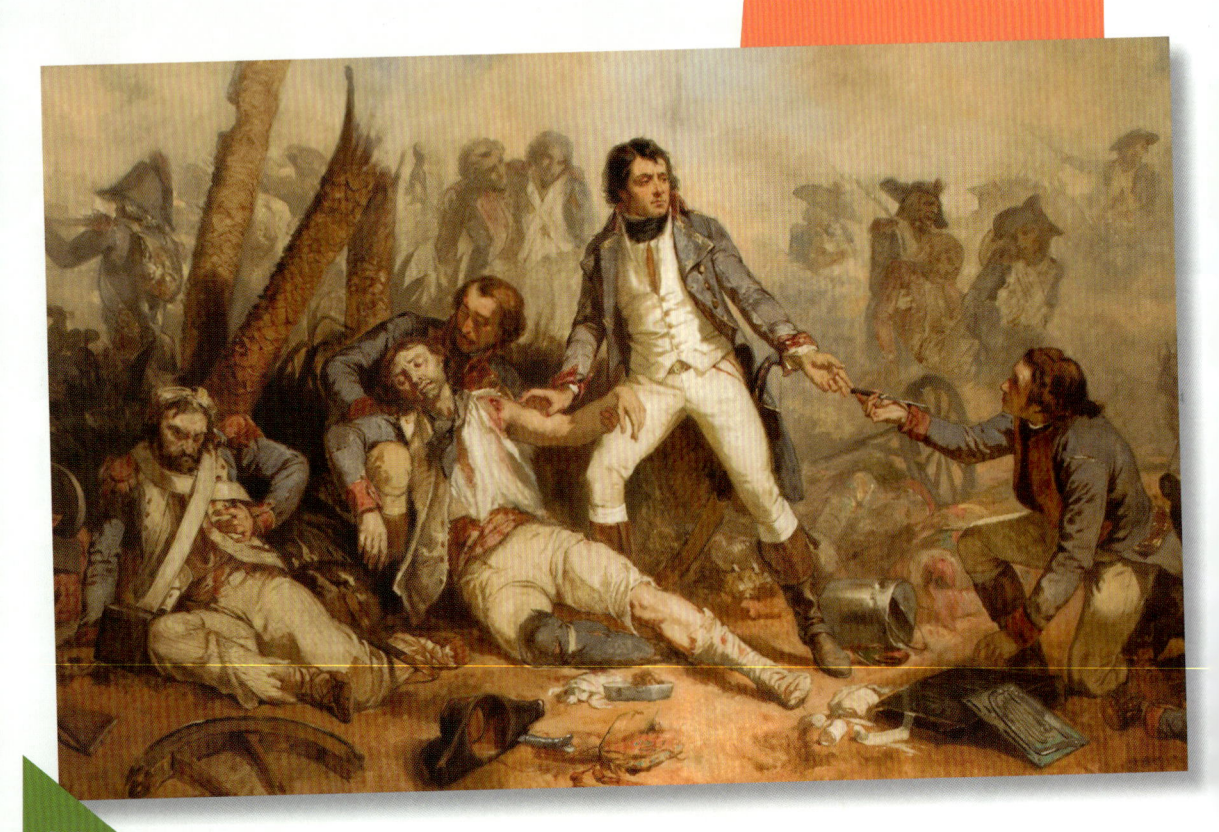

年很偶然地发现了青霉素。当时他度假归来，发现一个培养皿中长出了霉菌。但是在他去度假之前，他明明在这个培养皿中放入了一直在研究的细菌，现在在这片长了霉菌的区域附近却难寻细菌的踪影，一定是霉菌里面有什么物质将细菌杀掉了。这种物质就是青霉素。

聪明的大脑

亚历山大·弗莱明（1881—1955）苏格兰细菌学家。1928年，他发现放置细菌的培养皿中长出了霉菌，在霉菌的周围形成了一个无菌环。弗莱明猜想是霉菌杀掉了原来的细菌。后来他证实霉菌制造的一种化学物质就是"杀手"，并将其命名为青霉素。

进一步的工作

10年后，哈佛大学的两位研究人员澳大利亚人霍华德·弗洛里和德国人恩斯特·钱恩得知了弗莱明的发现。他们意识到，如果能找到将青霉素量产的方法，其很可能会成为一种很有效的药物。他们建立了一个实验室，开始了技术攻关。

弗莱明在培养细菌的培养皿中发现了霉菌对周围细菌的破坏作用。

聪明的大脑

恩斯特·钱恩（1906—1979），德国科学家，德国开始迫害犹太人后，钱恩于1933年移居英国。他与霍华德·弗洛里确定了青霉素的化学成分。他独自提取了青霉素中杀死细菌的有效成分。

正当弗洛里和钱恩专心研究时，第二次世界大战在欧洲爆发了。显然，很多伤员被细菌感染伤口后会失去生命，这使得弗洛里和钱恩的研究更迫切。1941年，他们成功地用青霉素治愈了一位感染严重的患者。后来，弗洛里与美国神经外科医生休·凯恩斯发现青霉素是治疗战争伤员最有效的方式。

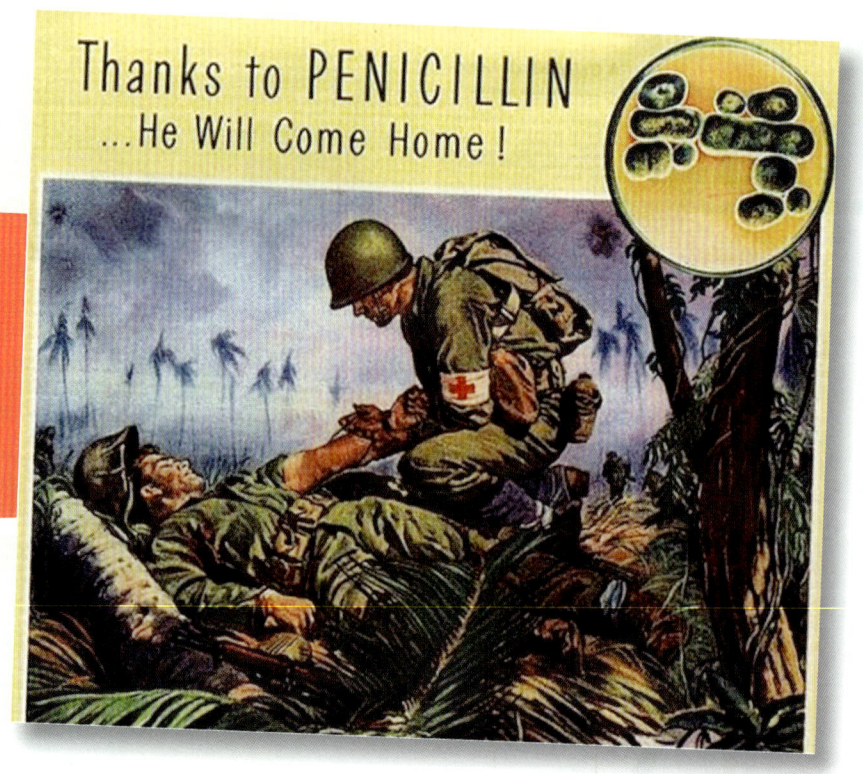

在这张"二战"时期发行的海报中，一位美国军医正在战场上为伤员注射青霉素。

青霉素在第二次世界大战中的应用

青霉素很快就被分发给世界各地的同盟国盟友，为他们在对德国和日本的战争中争取到了一定的优势。因为它可以让伤口免于坏疽菌等的感染，从而拯救了很多士兵的性命。对于伤员，通常需要将感染了坏疽菌的肢体截去，很多这样的手术不得不在不清洁的环境中施行，尽管这样，青霉素仍可大幅降低术后感染。青霉素对败血症这种导致器官衰竭的血液感染也十分有效。鉴于亚历山大·弗莱明与霍华德·弗洛里、恩斯特·钱恩的发现与制造青霉素对第二次世界大战盟军的重要贡献，他们被授予1945年的诺贝尔生理学与医学奖。

尽管一些细菌已经产生了一些抗药性，但是在战场上仍会使用青霉素。

生物战

将能致病的细菌作为攻击手段的是生物战。生物武器是大规模杀伤性武器（WMD）之一，另外两种是化学武器和核武器。

至少在2500年前，生物武器就出现了。公元前590年，希腊士兵在植物中提取毒性物质，然后用这些物质向敌人的饮用水中投毒。中世纪，来自中亚的蒙古军团向西征战，占领了大片土地。蒙古人就用尸体作为生物武器。他们收集了一些死于黑死病的士兵的尸体，用投石器将他们抛入敌人的城堡或城邦中。这种致命的瘟疫很快就能在城内传染开，消灭了城中的人。

11世纪，进攻者将黑死病病死者的头颅抛进城中。

细菌战

20世纪，很多国家开始研究生物武器。如英国使用炭疽杆菌和肉毒杆菌制造的生物武器，可导致致命性的疾病。日本也制造了一些生物武器。在侵华战争中（1931—1945），日军飞行员飞到中国宁波上空，抛撒了大量感染了鼠疫杆菌的跳蚤。

科学档案

美军的化学部队

化学部队是美军的一部分，他们专门处理化学、生物、辐射和核武器（CBRN）的威胁与攻击。其前身是第一次世界大战时期成立的化学战勤务部队（CWS），任务是对抗战场上的毒气攻击。第二次世界大战末期，改称化学部队。目前其主要工作是处理涉及CBRN武器的突发事件。

美国化学部队的士兵正穿着防护服演习。

在一场生物恐怖袭击演习中，紧急救助人员身穿生物防护装备营救伤员。

第二次世界大战后，美国对炭疽杆菌、土拉杆菌等细菌的致病过程进行了实验，美国化学部队研制了大范围喷洒细菌的炸弹。

生物恐怖主义

1975 年，绝大多数国家签署了《禁止生物武器公约》，禁止所有生物武器的生产与使用。但是，世界仍然面临掌握生物武器的恐怖分子传播疾病的威胁。使用生物武器进行恐怖袭击的行为称为生物恐怖主义。对于恐怖分子来说，获得生物材料要比获得化学或辐射物质容易得多，所以发生生物恐怖袭击的危险程度较高。

恐怖袭击

生化恐怖袭击不常见，但是确确实实发生过。1995年，一些宗教极端分子在日本东京地铁释放毒气，造成了13人死亡。2001年，恐怖分子向美国华盛顿政府部门发送含有炭疽杆菌的邮件，造成5人死亡，另有17人被感染。未来仍有可能发生这样的恐怖袭击，生物学家是挫败这种袭击的核心力量。

化学兵穿着的特制防护服可以保护他们免于化学物质和脏弹的袭击。

科学档案

脏弹

脏弹是炸药和少量放射性物质的混合物。这种混合物的爆炸威力不是很大，但是因为它可以向空中传播对人体有害的放射性物质，所有具有很大的潜在性危险。很多国家担心恐怖分子会掌握脏弹制造技术，实际上利用脏弹进行恐怖袭击的概率很低，因为想要获得放射性材料是很困难的。

大事记

公元前 590 年	希腊士兵将从植物中提取的致命化学物质投在敌军的水源中。
公元前 218—前 201 年	迦太基的汉尼拔带领战象军团穿越阿尔卑斯山，击败罗马军队。
1795 年	法军悬赏征集保存食物的新方法。
1810 年	尼古拉斯·阿贝特因发现用密封玻璃罐保存食物的方法而获奖。
1861 年	美国北方联邦军开始向盖尔·博登订购炼乳。
1901 年	美国成立陆军护士队。
1917 年	首次空中医疗救援出现在第一次世界大战时期的土耳其。
1928 年	亚历山大·弗莱明发现青霉素。
1940 年	在日本侵华战争（1931—1945）中，日本将黑死病作为生物武器。
1942 年	霍华德·弗洛里和恩斯特·钱恩生产青霉素。
1943 年	携带小型爆炸设备的蝙蝠在美国军机场引起一场火灾。
1945 年	亚历山大·弗莱明与霍华德·弗洛里、恩斯特·钱恩因发现和制造青霉素而获得诺贝尔生理学与医学奖。
1975 年	多国签订《禁止生物武器公约》，公约禁止制造、使用生物武器。
2001 年	美国首都华盛顿发生炭疽杆菌袭击。
2006 年	美国战斗支援医院取代移动式军队外科医院。
2016 年	签约禁止生化武器的国家达到 165 个。